AF312494

C O L L E G E   D ' A V I C U L T U R E

DE

F R A N C E.

-:-:-:-:-:-:-:-:-:-:-:-:-

COURS COMPLET PAR CORRESPONDANCE

Septième Leçon

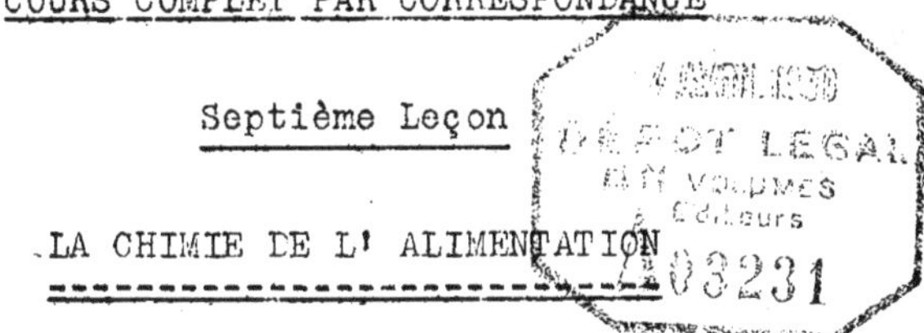

LA CHIMIE DE L' ALIMENTATION

N O T I O N S   G E N E R A L E S

  L'ALIMENTATION est la partie de la zootechnie qui étudie les matériaux employés et le fonctionnement des organes digestifs en vue de la production du maximum de rendement économique.

  Monsieur Cornevin dans son ouvrage "Des résidus industriels" écrit: quelle que soit la spéculation zootechnique à laquelle on s'adonne, qu'on utilise dans une entreprise industrielle le travail des animaux ou qu'on se livre à la production du lait ou de ses dérivés, à celle de la viande grasse, de la laine ou des jeunes, qu'on soit éleveur ou engraisseur, moutonnier ou homme de cheval, le problème de l'alimentation de la machine animal pour l'entretenir et lui faire produire ce que l'on attend est le principal et le premier qui se pose aux intéressés.

  Il est complexe, car il ne s'agit pas seulement de nourrir des animaux domestiques de façon que leur organisme ne subisse aucune détérioration autre que celle que le temps inexorable amène avec lui passé un certain âge, ni même de les amener intensivement à donner des produits maxima dans le minimum de temps. Il faut que cette production intensive soit lucrative, que les produits aient été fabriqués au taux le plus bas afin que l'écart entre le prix de revient et le prix de vente soit aussi grand que possible, puisque de là découle le bénéfice de l'opération.

Ces lignes peuvent s'appliquer en partie pour l'élevage et la tenue des poules en temps que productrice de chair et
d'oeufs. Mais le problème à résoudre est le suivant: diminuer le
prix de revient dans la mesure du possible en augmentant la production. Le résultat n'est pas acquis si l'on recherche uniquement
le bénéfice dans l'établissement à bas prix de la ration parce que
les conditions du marché sont aujourd'hui telles que la nourriture à bas prix entraîne une production tellement basse que le bé -
néfice est insuffisant. D'autre part elle nuit au bon développe-
ment des sujets, à leur vigueur, à leur puissance procréatrice. Le
problème a donc dû changer de face: il convient aujourd'hui, non
de rechercher l'aliment à bas prix mais celui qui peut assurer à
un prix rémunérateur une haute production. Si des aliments deux
fois plus chers doublent la production, le bénéfice est également
doublé. De là notre règle: Choisir les meilleurs aliments quelqu'
en soient les prix mais les employer avec un dosage calculé afin
que rien dans la ration ne soit inutile : Le temps est ici très
mesuré et il s'agit de l'utiliser au mieux.

CHOIX DES ALIMENTS D'APRES LE BUT A ATTEINDRE

L'aliment est la matière première qui est transformée
par l'animal pour assurer sa croissance ou sa vie (ration d'entretien) ou pour donner soit du travail, soit un produit marchand
(ration de croissance ou de production.)

En étudiant l'animal lui même, l'utilisation par lui des
aliments ainsi que le produit recherché, on tire des déductions
absolument précises sur la composition et le poids de la ration.
(On appelle ration ce qui est consommé par un animal en 24 heures)
Dans le cas qui nous occupe ici, nous devons rechercher quels sont
les aliments, dans quelles proportions ils doivent être mélangés,
quelle quantité on en doit donner pour produire de la chair, des
os, de la plume, c'est-à-dire des jeunes animaux en croissance; de
la viande de consommation ou des oeufs, tout en donnant aux adultes la ration d'entretien qui convient à leur race, à leur âge.

Posons donc pour acquis que les besoins des animaux ne
sont pas tous les mêmes, et que ces besoins, dans une même espèce,
varient avec l'âge et le poids. Les animaux les plus lourds ont
des besoins plus grands, et les sujets en croissance ont propor-
tionnellement à leur poids, des besoins plus grands que s'ils
étaient âgés.

IL NE PEUT Y AVOIR D'ALIMENTATION UNIQUE

De ce fait, nous pouvons affirmer qu'il ne peut y avoir
d'alimentation unique. Les nourritures qui conviennent à un animal
en voie de croissance ne conviennent plus à un autre de la même

espèce en voie de production ou au repos ou en mue ou à l'engrais.
D'autre part les quantités à donner ne sont pas absolument propor-
tionnelles au poids de l'animal, mais varient avec les besoins énu-
mérés ci-dessus.

EXEMPLE D'ALIMENTATION AUX GRAINS

Que voyons-nous dans la plupart des fermes ? Lorsque le
poussin est venu au monde, on lui donne du pain trempé dans du lait
puis aussitôt que son bec peut en saisir, du blé entier. Ce blé,
ou un autre grain, va constituer sa ration d'entretien, celle de
croissance, de repos, de production. Or, raisonnons un peu.

Prenons pour exemple la ration de production.

Un oeuf contient environ 7 grammes 30 de matières azotées, 5 gr 75 de matières grasses et hydrocarbonées. Si la poule
est simplement nourrie avec du blé, elle peut en manger 120 grammes par jour. Sur ces 120 grammes, il lui en faut 80 pour sa ration
d'entretien. Il lui reste 40 grammes pour fabriquer des oeufs.
Or, le blé renferme 10 pour cent de matières azotées digestibles.
C'est-à-dire que les 40 grammes de blé utilisables contiennent 4
grammes de matières azotées, soit la moitié de ce qu'il en faut
pour faire un oeuf. Ces 40 grammes de blé contiennent aussi environ 26 grammes de matières grasses et hydrocarbonées soit presque
5 fois plus qu'il n'est nécessaire pour un oeuf. C'est-à-dire que
si l'on nourrit une poule au blé, on lui donnera assez de matières azotées pour faire un oeuf tous les deux jours et assez de
matières grasses et hydrocarbonées pour faire cinq oeufs par jour.
Ajoutons que la poule aura assez de chaux pour faire un oeuf
tous les dix jours.

Un raisonnement analogue peut être fait pour tous les
grains. On dit dans ce cas que la ration est mal balancée, c'est-
à-dire que le rapport adipo-protéique ou rapport existant entre
les matières azotées d'une part, les matières grasses et hydrocarbonées d'autre part n'est pas convenable.

Remarquez que dans ce cas, une partie de la ration n'est
pas utilisée dans le but que nous sommes proposés et que les matières non utilisées (Graisses et hydrocarbones) vont engraisser
tellement l'animal qu'il lui sera bientôt impossible de pondre.

Il y a donc lieu de rechercher un autre mode d'alimentation; c'est ce que nous allons faire en étudiant le problème dans
toutes ses parties.

ETUDE DU TRAVAIL EFFECTUE

Lorsque les aliments ont été absorbés par le bec de l'oiseau, ilspassent d'abord dans le jabot où ils séjournent quelque temps. Le rôle du jabot est d'amasser un bol alimentaire d'un certain volume, de lui faire subir un commencement de fermentation ayant pour effet d'amollir les substances dures ou ligneuses.

Du jabot, le bol alimentaire entre dans le ventricule succenturié qui est le véritable estomac; c'est dans cette poche que les aliments sont imprégnés de suc gastrique. Ils passent ensuite dans le gésier où ils sont triturés. Les matières dures y sont arrêtées, broyées, dissoutes. Le gésier est en effet un véritable moulin qui dissout les corps durs, les pierres, le verre, même les pointes d'acier.

Commence ensuite la digestion intestinale, favorisée par la bile qui émulsionne les graisses, par le suc pancréatique et le suc intestinal qui terminent le travail.

Les aliments ont été transformés en une matière semiliquide appelée chyme. Une partie du chyme est absorbée par les villosités intestinales et de là passe directement dans le sang.

Mais la totalité des aliments n'est pas digérée. Une partie passe dans les excréments. Certains aliments sont presque entièrement employés par l'organisme, d'autres le sont moins, d'autres ne le sont pas ou presque. Donner à un animal un aliment qui ne sera pas utilisé ou qui ne le sera que d'une manière très incomplète est une faute: Non seulement c'est de l'argent perdu, mais encore la présence de matières à digestion pénible ou nulle diminue la digestibilité de celles qui, seules, auraient étéabsorbées par l'organisme. De plus, celui-ci en reçoit une fatigue inutile et préjudiciable.

DU PRIX DES ALIMENTS

Il va de soi que plus un aliment est riche en principes nutritifs c'est-à-dire en éléments que l'organisme peut utiliser pour fabriquer des tissus, ou entretenir sa chaleur et sa vie, ou faire face à la dépense occasionnée par une production ou un travail, plus il semble avoir de valeur.

Mais cette valeur peut n'être qu'apparente si ces principes résistent à la digestion ou s'ils sont donnés en pure perte. Il y a encore fausse spéculation si l'aliment très riche et très cher est d'une utilisation moins bonne qu'un autre moins riche mais chez lequel la somme des principes nutritifs absorbés est égale ou supérieure.

Il est donc évident que la valeur d'un aliment est directement en rapport avec sa composition chimique mais aussi avec sa digestibilité. A prix égal et à composition chimique équivalente, l'aliment le moins cher est celui qui est le mieux digéré, c'est-à-dire celui qui possède le plus de principes nutritifs digestibles.

Ainsi supposons un aliment qui renferme une quantité de principes nutritifs que nous représentons par le nombre de 70 mais donc 65 seulement sont digestibles et dont le prix est de 100 frs les 100 kilos. Supposons en un autre dont les quantités de principes nutritifs sont représentées par le nombre 96 dont 90 sont digestibles et valant 120 Frs les 100 Kgs. Posons la question.

Quel est l'aliment le meilleur marché ?

Dans le premier cas le prix de l'élément, de l'unité nutritive disons-nous est de 100: 65 = 1 fr. 54

Dans le deuxième cas le prix de l'unité nutritive est de 120 : 90 = 1 fr 33.

C'est le deuxième aliment, celui que l'on a payé le plus cher, qui est le meilleur marché, car c'est chez lui que l'unité nutritive est la moins chère.

Le reste, 35 dans le premier cas, 10 dans le second cas représente les matières nutritives non digestibles et non alimentaires. Ces substances passent dans les excréments. Elles ont cependant été payées 35 francs dans le premier cas, 12 frs dans le second. Ces sommes sont des pertes sèches.

Les cultivateurs font ce travail du prix de l'unité lorsqu'ils achètent des engrais; ils le font volontiers par ce que dans tout achat il y a un décaissement d'argent et qu'ils n'aiment pas à décaisser. En ce qui concerne les aliments à donner aux animaux, les habitudes ne sont pas encore sorties de l'ornière: on nourrit avec des produits récoltés sur la ferme et de ce fait on ne compte pas suffisamment.

L'aviculteur, soit qu'il achète tout ou partie de sa nourriture doit être plus près de ses intérêts et doit compter soigneusement. La valeur chimique et digestive de ses aliments, le prix payé pour leur achat ou la somme d'argent qu'ils représentent, la façon dont l'animal les utilisera sont des facteurs du succès.

Pour connaître la valeur réelle d'un aliment il faut donc non seulement connaître sa composition chimique, qui donne le nombre de principes nutritifs mais aussi la digestibilité, le pourcentage de digestibilité et le nombre de ses unités nutritives.

On donne à l'amidon une valeur digestive égale à l'unité, on dit que le coefficient de digestibilité de l'amidon sert d'étalon pour exprimer la digestibilité des autres principes nu-

tritifs. Ainsi un aliment qui aura pour coefficient de digestibilité 0.80 a une valeur digestible égale aux quatre-vingt centièmes de
celle de l'amidon; si la somme de ses principes digestibles est 78
pour trouver sa valeur réelle on doit multiplier 78 par le coefficient 0,80.

Les coefficients de digestibilité ont été établis par
Mallèvres, spécialement pour les bovins.

Cependant le calcul mathématique de la digestibilité
n'est pas d'une rigueur absolue tout en présentant un progrès sur
les anciennes méthodes ou l'on ne tenait compte que de la valeur
chimique brut ou de l'équivalence en foin. Le pouvoir digestif varie en
effet avec l'espèce, avec la race, avec la variété, avec la famil-
le.

Même chez un animal, le pouvoir digestif peut varier d'un
moment à l'autre de la journée; il dépend de la faim (la digestion
est plus complète lorsque l'animal est en appétit) de l'exercice
qu'il prend avant et après le repas (un exercice violent entrave
la digestion tandis qu'un exercice modéré la favorise), de l'âge
du sujet (l'assimilation est plus complète chez les jeunes) de son
état de santé, de la température et de l'hygrométrie (les écarts
ayant pour effet de diminuer l'assimilation) du volume de la masse alimentaire et de la fréquence des repas (une grande masse alimentaire est d'une digestion et d'une assimilation pénibles, les
meilleurs repas sont les plus courts et les plus fréquents mais
avec des intervalles marqués) de la quantité de grains durs et de
gravier que les volailles reçoivent (ce grain dur et ce gravier
sont absolument nécessaires) de la régularité de la composition
des repas (tout changement brusque entraîne une diminution de l'appétit et d'assimilation) Le pouvoir digestif varie encore d'après
les proportions suivant lesquelles les différents principes nutritifs sont mélangés pour former le repas ou la ration.

La présence de substances non digestibles ou d'une digestion difficile diminue l'assimilation des autres principes;
l'aliment a une digestibilité plus grande lorsque les matières azotées qui le composent sont environ le tiers des quantités de
graisses et d'hydrocarbones réunis.

Dans l'établissement d'une ration on devra tenir compte
de ces faits. Ne recherchons donc pas seulement l'aliment à bas
prix mais aussi <u>la ration au meilleur prix</u>.

LES PRINCIPES NUTRITIFS

Nous avons vu que le corps des animaux est formé de
principes inorganiques (matières minérales et eau), de principes
organiques (azote, matières grasses et hydrocarbonées et cellulose).

Ces mêmes principes doivent donc se retrouver, suivant des proportions calculées, dans les aliments.

En effet, ce qui vient de la terre retourne à la terre. Les végétaux puisent leur nourriture dans le sol, l'appauvrissent en s'enrichissant. Puis ces végétaux meurent et retournent directement à la terre, ou bien sont consommés et retournent à la terre après avoir été transformés par le corps des êtres vivants qui en ont tiré de la vie. L'atmosphère rend à la terre ce que les êtres vivants, animaux ou végétaux ont perdus; il se produit une suite d'échanges entre l'air et le sol; les plantes, les animaux et les hommes en sont les intermédiaires inconscients.

Rien ne se perd ni rien ne se crée, a dit Lavoisier, tout se transforme. Les éléments minéraux du sol, aucontact des agents atmosphériques sont transformés en matières azotées, en matières grasses, en matières hydrocarbonées, etc ... D'inutilisables qu' elles étaient parce qu'insolubles elles sont devenues plus ou moins digestibles et vont constituer le corps des animaux, leur donner la faculté de vivre, de produire, de travailler.

On comprend aisément que la ration doit contenir les principes organiques et inorganiques dont se composent les corps vivants.

PRINCIPES INORGANIQUES

LES MATIERES MINERALES

Les matières minérales ou cendres forment dans le corps de l'animal, la charpente osseuse ou squelette, la substance cornée, les plumes. Elles sont donc surtout nécessaires pendant la période de croissance. Elles le sont aussi pendant la période de production de la poule qui en a besoin pour former la coquille de l'oeuf; elles le sont à tous les âges afin d'aider la digestion et de compenser les pertes de l'organisme.

L'animal peut ingérer les matières minérales sous deux formes : sous la forme minérale proprement dite et sous la forme organique.

Sous la forme minérale :

Les pierres, les morceaux de chaux, les coquilles d'huîtres en poudre ou granulées, le charbon de bois sont liquéfiés par l'oiseau mais une petite partie seulement en est absorbée. Dire que ces matières minérales sont toutes rejetées est une erreur. témoin leur utilisation pour la formation de la coquille de l'oeuf.

<u>Sous la forme organique:</u>
Leur forme la plus assimilable est la forme organique, végétale ou animale. Vous savez que plus un animal dispose d'un sol riche, plus lui-même est riche en principes nutritifs. Les hommes mêmes sont à l'image du sol qu'ils habitent parce que les végétaux et les animaux qui composent leur nourriture leur donnent des tissus riches.

Or, les matières minérales dont l'oiseau a besoin sont le phosphate, la chaux, la potasse, le fer, le soufre, la magnésie, la soude.

On a prétendu que la meilleure façon d'apporter dans l'alimentation de la volaille les matières minérales, surtout l'acide phosphorique qui en est la plus importante, consiste à donner de la poudre d'os verts (os non cuits) ou de la poudre d'os calcinés. Ces apports ont des effets sensibles; cependant il ne faut pas oublier que, présentés sous une forme minérale, c'est-à-dire non directement assimilable, les effets des cendres sont lents. Ils sont payés beaucoup plus cher qu'ils ne valent.

Les meilleurs procédés pour satisfaire ce besoin de sels minéraux sont:

1°/ choisir les aliments qui en contiennent le plus
2°/ enrichir, par l'apport d'engrais phosphatés et calciques, le sol où ils poussent. Une excellente méthode consiste à semer sur les parcours des volailles et dans les champs où croissent les nourritures des scories de déphosphoration à la dose de 800 kgs. à l'hectare.

Les légumineuses sont les aliments les plus riches en phosphate et en potasse. Les choux, le trèfle, l'oseille contiennent beaucoup de chaux. Les oignons contiennent du fer et de la magnésie.

Mais la partie de la plante la plus riche en sels minéraux est la graine, surtout l'enveloppe de la graine ou son.

L' E A U

L'eau est un aliment nécessaire à la volaille puisque les tissus, les oeufs en contiennent de grandes quantités. D'autre part, elle facilite les excrétions, la déglutition, la digestion.

L'eau est donnée aux volailles sous deux formes; l'eau de composition des aliments, l'eau de boisson.

<u>Eau de composition des aliments</u>. Un aliment même paraissant sec, contient de l'eau parfois en grande quantité. D'autres nettement aqueux, en renferment beaucoup plus encore, (pommes de

terre, betterave, plantes vertes). En soumettant ces aliments à
une température de 110 degrés, on les dessèche; ce qui reste est
la matière sèche, la partie nutritive par excellence; celle qui
contient les principes nutritifs, que l'on paie lorsque l'on fait
un achat. L'eau n'a pas de valeur. Nous verrons plus loin que les
animaux doivent avoir à leur disposition un certain poids d'ali-
-ments pesés secs, c'est-à-dire défalcation de l'eau de composition
qu'ils peuvent contenir. Les tables que nous donnerons indiquent
les poids de matières sèches et d'eau que les aliments contiennent
par 100 kilos d'aliments BRUTS.

L'eau de boisson complète dans une certaine mesure ce que
la ration a d'insuffisant en liquide. La quantité d'eau que chaque
animal doit absorber est en raison de son âge, de la température
et de l'hygrométrie c'est-à-dire du degré d'humidité de l'atmosphère, de sa production. S'il prend trop d'eau, son système digestif se charge inutilement, la digestion est ralentie, les fonctions d'excrétion sont très actives, les reins, et le coeur sont
surmenés, l'animal se fatigue. S'il ne prend pas assez d'eau, sa
croissance dans le jeune âge est insuffisante; adulte, il épuise
ses tissus, ses excrétions ne sont pas normales; pondeuses, ses
oeufs sont plus rares et surtout trop petits.

PRINCIPES ORGANIQUES

Nous avons vu que les principes organiques sont: les matières azotées qui se subdivisent en matières azotées albuminoïdes
ou protéïques et en matières azotées non albuminoïdes, les matières non azotées qui se subdivisent en extractifs non azotés, en
graisses, en cellulose. Les matières non azotées (non compris la
cellulose) sont groupées sous l'appellation "hydrates de carbone".

MATIERES AZOTEES ALBUMINOIDES

Les matières azotées albuminoïdes sont les plus impor-
tantes en alimentation, à la fois par le rôle qu'elles jouent et
par l'accroissement de valeur qu'elles donnent aux autres rincipes
Elles sont généralement les plus chères. Leur composition est va-
riable, mais se rapproche de la suivante:

Carbone .... 53 °1o
Hydrogène ...... 7 °1o
Azote ....16 °1o
Oxygène ......22;75 °1o
Soufre .... 1,25 °1o

Commme on le voit l'azote pure est, dans la matière azotée, en combinaison avec d'autres corps et dans la proportion de

16 gr. d'azote pure pour 100 gr. de matière azotée, soit les 6,25 (1oo : 16 = 6,25).

Il ne faut donc pas confondre matière azotée et azote pure. Lorsque l'on connaît la quantité d'azote pure contenue dans un aliment, pour trouver la quantité de matières azotées que cet aliment contient, il faut multiplier la quantité d'azote pure par 6.25. Dans les forules que nous vous donnerons ainsi que dans les tables d'analyses des aliments, nous indiquons toujours les quantités de matières azotées. Vous n'aurez donc pas cette multiplication à faire.

L'azote est la base de la formation du corps des animaux. On la rencontre dans le sang (fibrine, hémoglobine, globules rouges), dans les muscles (fibrine musculaire ou myosine), dans l'urine (urée, urates, acide urique).

Elle forme l'osséine des os, elle constitue les nerfs les cartilages, l'épiderme et ses productions (corne, plumes, poils) Chez les laitières, elle constitue la caséine du lait, C'ést le blanc de l'oeuf (très azoté) qui forme le corps du poussin.

L'alimentation de jeunes animaux qui font du sang, de la chair, des os, des nerfs, des plumes, doit donc être riche en matières azotées, comme doit également l'être celle de la vachè laitière qui produit du lait, ou de la poule pondeuse qui produit des oeufs.

Les matières azotées ne sont pas fixes , elles peuvent subir des métamorphoses variées, elle se transforment, se modifient et portent alors les noms d'albumine, de légumine, de peptone, de neurone, de gluten.

Elles se rencontrent dans un grand nombre d'aliments. Les tiges et les feuilles des légumineuses sont les végétaux les plus riches en azote, ainsi que le jeune fourrage et le jeune gazon. Les tourteaux, les germes d'orge, les farines de viande, le poisson en renferment des quantités variables, parfois très élevées. Le petit lait (lait écrémé ou centrifugé) et le lait battu (babeurre) en sont riches.

MATIERES AZOTEES NON ALBUMINOIDES

Les matières azotées non albuminoïdes ne sont pas considérées comme les autres matières azotées dans le calcul des rations ; elles sont ajoutées aux matières hydrocarbonées. Ce sont les alcaloïdes végétaux et les amides.

MATIERES HYDROCARBONEES

L'organisme dés oiseaux comme celui de l'homme et de tous les animaux est le siège d'un phénomène constant de combustion lente. Cette combustion consomme du carbone, donne lieu à une absorption d'oxygène et à un dégagement de gaz carbonique. Les matières hydrocarbonées interviennent pour fournir les substances indispensables que les matières azotées ne peuvent fournir en assez grande quantité. De plus, la présence de carbone dans ces matériaux augmente leur digestibilité et facilite leur rapide diffusion dans toutes les parties du corps.

On divise les matières hydricarbonées en trois classes

1°/ Les extractifs non azotés (amidon et sucre)
2°/ Les graisses.
3°/ La cellulose.

AMIDON

L'amidon et la fécule des graines est l'élément typo des matières hydrocarbonées; sa digestibilité est très grande et a été prise comme étalon pour représenter celle des autres éléments.

SUCRE

Le sucre ainsi que les gommes et les dextrines sont des dérivés de l'amidon. Le sucre se trouve dans les plantes à l'état de glucose et de saccharose, il est aisément assimilé et facilite l'assimilation des autres aliments; il présente cependant de grands inconvénients pour la santé des volailles quand il est donné en trop grande quantité.

L'amidon et le sucre contribuent beaucoup à la formation de la graisse dans le corps de l'animal mais leur effet est moins marqué que par l'absorbtion de graisses proprement dites.

GRAISSES

Les matières grasses remplissent auprès des matières azotées le rôle de pondérateurs. Comme agent de conservation de l'albumine, elles favorisent la formation de la viande. Wolf cite à l'appui de cette opinion un exemple assez suggestif. Un chien de trente kilos, nourri exclusivement au régime carnivore, devrait recevoir une ration journalière de 1.500 gr. de viande dégraissée pour se maintenir en bon état. Si on lui donne 200 gr. de graisse, la ration de viande peut être abaissée à 500 gr. et non seulement l'animal se maintiendra vigoureux, mais la masse de chair pourra augmenter. Dans ces conditions 200 gr. de graisse auront permis d'économiser 1000 gr. de viande.

Les graisses se rencontrent dans toutes les plantes mais surtout dans les graines oléagineuses. Le vieux maïs contient de 6 à 7 % d'huile grasse, le son de blé en renferme de 3 à 4 %. Dans l'organisme, elles se déposent en fines gouttelettes sous le tissus adipeux, sur les tissus conjonctifs, dans les muscles. Leur puissance thermogène, c'est-à-dire productrice de chaleur, est très grande. Ceci a une sérieuse importance dans l'alimentation surtout dans l'alimentation d'hiver où la perte de calories est énorme. La puissance thermogène de l'amidon étant égale à l'unité, celle des graisses contenues dans les fourrages est de 1,91, celle des graines non oléagineuses est de 2,12; enfin celle des graines oléagineuses, des tourteaux oléagineux, des graisses animales, est de 2,41. Pour plus de simplicité de calcul du facteur thermique de la ration on prend pour facteur thermique moyen 2,4.

Certaines graisses transmettent un goût désagréable à la chair et aux oeufs.

CELLULOSE

La cellulose est l'élément constitutif des enveloppes des cellules végétales; on sait que ces enveloppes augmentent d'épaisseur et de consistance avec l'âge de la plante: elles peuvent devenir très dures et ligneuses. La cellulose est l'élément le moins nutritif. Il a été longtemps considéré comme non digestible mais certaines préparations comme le broyage, la cuisson, la fermentation peuvent augmenter sa digestibilité dans des proportions allant jusqu'à 50 pour cent. Sa constitution chimique se rapproche de celle de l'amidon mais ses effets sont beaucoup moins actifs. On ne la comprend pas dans la constitution des normes d'alimentation.

LES FIENTES

Les fientes produites par les volailles constituent un des meilleurs engrais connus. Le poids de fientes produites par une tête de volaille en 24 heures dépend de son âge, de sa race, du régime d'alimentation. Les fientes de la nuit seules sont généralement recueillies sur la planche à crottes; celles du jour sont mélangées à la litière, soit disséminées dans les parcours. Dans un but expérimental, M. Parham fit les expériences suivantes:

De trente et un poulets de neuf mois et de taille moyenne les fientes, de six heures du soir à sept heures du matin s'élevaient à deux kilos soit 24 Kgs par tête et par an. Six de ces bêtes furent enfermées pendant le jour et donnèrent 116 gr. soit 7 kgs.700 par tête et par an. Total pour un poulet de neuf mois: 32 kgs 200 par an.

Le poids des fientes de 11 poulets à l'engraissement donne une moyenne de 52 kg. par tête et par an.

Un troupeau de pondeuses de taille moyenne peut donner environ, pour cinq cents têtes, quinze mille kilos de fientes contenant 60 pour cent d'eau, c'est-à-dire pesant après dessication partielle environ 7.500 Kgs. Estimant ces fientes à 30 francs les 100 kg; leur valeur peut être évaluée à 2.250 francs. Les fientes ont la même valeur que les aliments donnés au huitième du troupeau.

Les fientes devront être récoltées soigneusement, la paille formant la litière doit aussi être conservée ainsi que nous vous le dirons. Les parquets en repos mais ayant été occupés l'année précédente par les volailles se couvriront d'une végétation dont le profane n'a pas l'idée. Si l'on y fait des cultures, celles-ci seront très belles; si on laisse le gazon croître, on pourra en faire plusieurs récoltes très abondantes. On pourra aussi y faire paître des vaches et des chèvres.

ANALYSE d'engrais de volailles à l'état sec du Dr. Voelcker

1°/	Eau	18,88
	Matières organiques et sels ammoniacaux.	48,58
	Acide phosphorique	3,67
	Chaux	2,17
	Magnésie, sels alcalins	5,23
	Sable	21,47
		100,00

2°/	Azote	5,73
	Ammoniaque	6,95
	Phosphate de chaux	8,01
	Potasse	1,81

PREPARATION DES ALIMENTS

Non seulement l'aliment donné aux volailles doit être suffisamment riche, mais encore il doit présenter un certain volume afin que l'appétit des volailles soit satisfait, que leur estomac soit suffisamment garni, que les fonctions digestives s'accomplissent normalement.

Le son, les farines de luzerne, de trèfle donnent ainsi du volume en enrichissant la ration. Le temps n'est plus où l'aliment "de volume" était de rigueur (pommes de terre, etc.). Au contraire, cet "aliment de volume" doit absolument être banni, sauf dans des cas très spéciaux.

Des aliments doivent subir une certaine préparation avant d'être présentés aux volailles.

Les pommes de terre si on les emploie doivent, ainsi que les racines, être cuites et écrasées ce qui facilite la préhension et le mélange avec les aliments nutritifs.

CUISSON -
La cuisson ne doit pas se faire à l'eau mais à la vapeur afin que les aliments ne contiennent trop d'eau et qu'on ne soit pas obligé ou de jeter l'eau de cuisson ou de faire une pâtée trop humide. On se sert alors de cuiseurs à vapeur dont on trouve quelques excellents modèles dans le commerce. L'eau nécessaire à la cuisson est séparée des aliments par une grille sous laquelle elle bout quand le couvercle est fermé. Lorsque les tubercules ou racines sont cuits, le cuiseur est renversé sur le broyeur qui accompagne chaque appareil.

La cuisson ne doit pas s'appliquer à toutes sortes d'aliments: elle détruit les vitamines et coagule l'albumine. Elle annihile aussi le principe actif de l'avoine qui est l'avénine. On ne fera cuire ni l'avoine ni le froment, ni le maïs, ni aucune graine. Nous ne parlons pas de riz, que nous n'employons qu'à titre vétérinaire. On a prétendu obtenir des résultats de ponte supérieurs avec les grains cuits, c'est que la cuisson augmente la digestibilité, permet de donner des pâtées chaudes et les conditions étaient peut-être telles que les volailles trouvaient dans les parcours les aliments azotés dont elles avaient besoin, à moins que l'on remplaçait l'albumine coagulée par un supplément de farine de viande ou de tout autre aliment riche en azote, mais au grand préjudice de la bourse de l'aviculteur. Il est de plus une raison majeure pour laquelle les grains cuits doivent être rejetés de l'alimentation des poussins, des jeunes en croissance et surtout des pondeuses: c'est que cuits, les grains sont très engraissants. On pourra par contre les employer (surtout le maïs), pour l'engraissement, en tenant compte, dans le calcul des matières albuminoïdes à apporter à la ration, que celles du maïs sont coagulées et rendues de ce fait inassimilables et insolubles.

La cuisson sépare les fibres ligneuses des aliments; elle gonfle la fécule; c'est pourquoi elle est préconisée pour la préparation des fourrages verts et secs. On pourra faire cuire ces fourrages en brins de 1/2 à un centimètre.

On ne doit jamais faire cuire les aliments albuminoïdes.

MACERATION -
                On pourra, au lieu de faire cuire les four-
rages qui ont une teneur assez grande en matières albumino'ides., lés
faire macérer dans de l'eau tiède, en vase clos, dans un seau recou-
vert d'un linge mouillé par exemple. On peut aussi faire macérer les
grains, en été. Les volailles boivent moins.

DIVISION -
                La division augmente la digestibilité des ali-
ments. Les grains concassés sont plus vite digérés par les volailles. On se trouvera bien de posséder à cet effet un concasseur à
moteur pour les grandes exploitations, à bras pour les petites.Mais
il faut éviter d'acheter un petit concasseur à faible débit car
ces instruments font perdre un temps précieux et demandent une trop
grande force pour donner un rendement pratique.

GERMINATION -
                La germination est un procédé qui devrait
être employé partout où il y a des volailles. Elle s'applique sur-
tour à l'avoine et à l'orge.

                Un germinateur se compose d'un espèce de bâti semblable
au squelette d'une armoire et portant des tiroirs superposés qui
sont simplement des bacs de 7 à 8 cm. de haut. Ces bacs sont per-
forés. Avant de disposer le grain dans chaque tiroir en couches de
trois à quatre centimètres d'épaisseur, on le fait macérer dans de
l'eau tiède pendant 12 ou 24 heures. Tous les matins on arrose la
couche de grains avec de l'eau tiède, le grain ne doit pas baigner:
dans les 24 heures qui suivent l'eau doit être écoulée et les grains
encore humides. On triture chaque jour les grains avec les doigts.
Au bout de 5 jours en été, 7 jours en hiver, les jeunes pousses d'a-
voine ou d'orge atteignent un demi centimètre de long. Le grain est
à point. Sa distribution est un vrai régal pour les oiseaux. Vous
pourrez en donner avec avantage aux poussins, aux pondeuses, aux
poules en mue. Leur appétit est excité, l'aliment ainsi est très
riche en vitamines et d'une digestion extrêmement rapide.

                En été, on peut faire germer les grains dans les parcours
mêmes des volailles en recouvrant le semis fait en pleine terre par
un cadre grillagé à mailles étroites, donner grains et pousses en
distribuant à la bêche.

ETUDE DES DIFFERENTS PRODUITS ALIMENTAIRES

                D'après ce qui précède il est indispensable de connaître
les différents produits employés dans l'alimentation . L'aviculteur pourra en user selon les besoins des animaux et faire toutes
les substitutions que son intérêt lui commande, grâce aux tableaux
indiquant la valeur alimentaire des aliments et l'exposé des exi-
gences alimentaires que l'on trouvera à la leçon suivante.

ALIMENTS RICHES EN MATIERES ALBUMINOÏDES

Les aliments les plus riches en matières albuminoïdes sont: les substances d'origine animale, viande, poisson, sang, farines de viande et de poisson; pois, féverolles, vesces, lentilles, farine de trèfle, de luzerne, tourteaux d'arachide, de soja, de noix, de palmiste, de chénevis, de coprah, les radicelles d'orge.

SUBSTANCES D'ORIGINE ANIMALE

C'est sous cette forme que l'on doit toujours préférer l'aliment azoté car il est infiniment plus digestible et plus effi- cace que sous la forme végétale. Même à composition et digestibilité égales, il faut préférer les aliments d'origine animale. Pourquoi ? Il est difficile de le dire, la chimie ayant encore bien des secrets et d'ailleurs il ne faut pas toujours se fier à la chimie.

Les oiseaux sauvages ne trouvent pas dans des augettes la pâtée toute préparée; ils sont obligés de chasser pour trouver leur nourriture qui se compose surtout d'insectes, de vers, de larves. Cet te nourriture animale leur donne une rusticité très grande, une croissance rapide. Elle fait le fond de l'alimentation des jeunes oisillons qui ne prennent des graines que plus tard.

Nous ne voulons pas vous conseiller d'alimenter vos pous- sins uniquement avec des proies vivantes; d'une part le travail de recherche d'un aliment ne doit pas en dépasser la valeur et d'au- tre part la ration doit être balancée, c'est-à-dire que la quantité de matière albuminoïde par rapport à celle des matières hydrocar- bonées doit être bien étudiée. On devra, cependant, s'efforcer de procurer des proies vivantes aux jeunes poussins.

VERS DE TERRE - L'avidité avec laquelle les volailles se précipitent sur les vers de terre nous montre qu'elles préfèrent cette proie à toute autre. Quelques vers de terre distribués cha- que jour aux poussins hâteront leur croissance et leur feront le plus grand bien. Lors des travaux du jardin ou le soir à la lanter- ne dans jardins et prairies, on pourra faire une ample moisson de vers. On se trouvera bien, dans les parcours des poussins de placer sur le sol de place en place, des pierre plates, des tuiles que l'on déplacera de temps à autre.

Les poussins trouveront à leur place les vers qu'ils dési- rent.

Enfin on pourra avantageusement établir une verminière. A cet effet, mélanger terreau, paille et feuilles sèches, disposer le tout en tas; arroser à l'eau tiède et recouvrir de tuiles plates en

tout temps et de fumier en hiver; on pourra faire la récolte de
vers en découpant des tranches à la bêche. On pourra aussi mettre
ces mélanges dans une tranchée de 50 cm. de profondeur. Maintenir le
mélange humide et ajouter des feuilles sèches et de la paille après
chaque prélèvement.

LES ASTICOTS -

Les asticots sont aussi une excellente nour-
riture animale. Pour constituer une excellente asticotière, creuser
une tranchée de 40 à 50 cm. de profondeur. Garnir le fond d'une couche de paille de seigle hachée de 15 à 20 cm. de profondeur, recouvrir la paille de 10 a 15 cm. de crottin frais de cheval, couvrir
le crottin d'une mince couche de terre, déposer sur cette terre tous
les débris animaux et végétaux possibles, sang, entrailles, débris
de boucherie, restes de cuisine, légumes et fruits gâtés grains ava-
riés, etc . Recouvrir le tout de paille puis de terre. Au bout de
15 jours on pourra découper des tranches de ce mélange que l'on jet-
tera dans les parquets des poussins.

On peut faire également une asticotière en déposant les
débris de viande dans une caisse de grillage à mailles de 25 mm. pour
empêcher les oiseaux d'y pénétrer, Cette caisse porte un tiroir à
sa partie inférieure et dans ce tiroir une couche de son a été dépo-
sée. Les asticots tombent dans le son, grossissent et sont enlevés
pour être donnés aux poussins.

LES HANNETONS -

Les hannetons sont, pendant quelques jours
de l'année, d'un précieux secours pour l'élevage. On les fait sécher
au four et on les donne dans la même proportion que les farines de
viande ou de poisson et à la place de ces aliments.

LES ESCARGOTS -

Les escargots sont un aliment très écono-
mique et les pondeuses prennent avec avantage leur coquille écrasée
On les trouve dans les haies après les pluies ou sur le sol après un
arrosage. Pour les capturer, placer des tas de son aux endroits mouil
lés et quand la nuit est venue, les ramasser à la lanterne. Les li-
maces trouvées conviennent très bien aux canards, elles sont rejetées par les gallinacées. On écrase les escargots avant de les donner aux poules.

POISSON -

L'emploi des poissons n'est possible que dans
les pays côtiers. Les poissons employés sont ceux impropres à la
consommation humaine. On les fait bouillir, on les passe au hachoir
et on les incorpore aux pâtées humectées.

VIANDES CRUES -

Lorsque l'on est sûr que la viande que
l'on peut obtenir ne contient aucun germe infectieux (débris de bou-

chérie); on peut la donner crue: on la hache et les volailles en
sont très friandes. Sous cette forme, elle est très assimilable.

VIANDE CUITE -

Lorsque l'on a lieu de supposer que la vian-
de peut être contaminée on la fait cuire: le bouillon obtenu est
mélangé aux pâtées et la viande est hachée.

VIANDES SECHEES -

On vend dans le commerce des viandes
séchées, résidus de conserves ou de la fabrication d'extraits de
viande. Si ces dernières ne sont pas à conseiller - car une très
grande partie des principes nutritifs sont passés dans les extraits-
les premières sont excellentes. Les farines de viandes contiennent de
50 à 60 pour cent de matières albuminoïdes. Il ne faut pas s'exagérer la teneur en protéine des farines de viande et les chiffres donnés par certaines statistiques sont absolument fantaisistes.

Certaines farines de viande contiennent beaucoup de sang
désséché ce qui les rend grumeleuses et nuit au mélange intime des
divers matériaux composant le mash ou pâtée. D'autres contiennent
des poils, de la corne, etc. et sont à rejeter. Lorsque l'on achète
de la farine de viande, il faut s'assurer que le produit désiré est
frais, pur, assimilable et que son analyse est garantie sur facture.
Elle doit contenir de 10 à 15 pour cent de phosphates et de 10 à 12
de graisse.

Les farines de viande avariée sont des poisons, ainsi que
celles préparées par les acides. Elles provoquent la diarrhée, l'en-
térite et peuvent être cause de maladies épidémiques graves.

Lors de l'achat de viande fraîche, consultez le tableau
de composition des aliments afin de ne pas la payer trop cher; neuf
fois sur dix il sera plus avantageux de se procurer de bonne farine
de viande. Pour les poussins seulement on pourra la payer un peu
plus cher.

FARINE DE POISSON -

La farine de poisson est maintenant
d'un usage courant en France. Riche en matières minérales et en
protéine, on la préfère souvent à la farine de viande pour l'alimentation des jeunes et des pondeuses. Nous n'excluons ni l'une ni l'autre, mais nous les employons toutes deux en proportions à peu près
égales dans la constitution des mashs pour poussins et pondeuses.
On préfère la farine de viande pour l'engraissement.

L'analyse d'une bonne farine de poisson de mer entiers
donne: protéine ou matières-azotées: de 50 à 60 pour cent; graisse 3;
Phosphate de chaux 15 à 18 pour cent. Nous insistons sur la valeur
de ce phosphate de chaux, excellent en alimentation.

LES OS -

Les os ont eu leur heure de vogue. On les juge aujourd'hui plus sévèrement qu'autrefois. Ils s'emploient verts (crus ou calcinés après cuisson. Leur matière minérale est peu assimilable. Les os verts broyés peuvent être donnés une ou deux fois par semaine si on les paie bon marché.

LE SANG -

Le sang est un bon aliment. Il s'emploie frais, cuit, séché. Le meilleur mode est de l'employer cuit, on le fait cuire au bain marie dans une marmite suffisamment pour qu'il prenne la consistance du foie, puis on le passe au hache viande. Il ne se conserve pas à moins d'être désséché et réduit en poudre, mais c'est un travail qui demande une installation industrielle spéciale.

ANIMAUX DIVERS -

En principe, on pourra donner aux volailles toutes les proies que l'on pourra trouver: mulots, oiseaux, fauves, animaux quelconques. On prendra la précaution de les cuire. On réalisera une économie notable sur le coût de la ration, surtout dans les petits élevages où la quantité de protéine nécessaire chaque jour n'est pas très élevée.

CONSERVATION -

Pour conserver les farines animales au moins trois mois, videz les sacs sur un plancher sec, changez le tas de place tous les 15 jours pour l'aérer.

GRAINES DE LEGUMINEUSES

Pois, haricots, lentilles, fèves, féveroles.

Ces graines sont beaucoup plus riches en matières azotées que les céréales ; leur valeur nutritive est égale à celle de la viande fraîche. Leur usage n'est pas suffisamment répandu car les volailles s'y habituent très bien. On peut d'ailleurs les concasser et les faire entrer dans les mashs. L'aviculteur aurait grand avantage à les produire lui-même. Leurs tourteaux sont aussi très bons.

TOURTEAUX

La liste des tourteaux à donner aux volailles est assez restreinte car plusieurs ne sont pas pris par elles, d'autres ne leur conviennent pas. En général, les tourteaux sont des résidus d'huilerie ou d'amidonnerie, c'est-à-dire qu'une partie des matières grasses et l'amidon a été extraite. Ils sont donc riches en matières albuminoïdes et en matières minérales. Leur effet, même à quantité de protéine égale est moins efficace que celui des aliments d'origine animale. Ils sont néanmoins très intéressants à cause de leur prix, surtout à certaines époques de l'année. Lorsque la crise du change ne sévissait pas avec l'acuité que vous connaissez, il fallait acheter les tourteaux en fin juin début de juillet. Lorsque l'équilibre des valeurs monétaires sera revenu, le même avantage se retrouvera aux mêmes périodes.

Il ne faut pas confondre les tourteaux nourriture avec les tourteaux engrais. Ces derniers ont été traités par l'acide sulfurique et sont nocifs. Les tourteaux absorbent facilement l'humidité et alors rancissent et moisissent. Il ne faut donc les acheter que pour un temps assez court ou les conserver dans un local parfaitement sec et aéré. Les tourteaux ne peuvent pas constituer à eux seuls un repas, ils doivent toujours être employés en mélange avec d'autres aliments et ne doivent pas constituer plus du douzième de la ration. Cette quantité doit encore être diminuée si les animaux sont jeunes. S'ils ne sont pas donnés gonflés d'eau ils renflent dans le jabot de l'animal on ne peut donc pas les incorporer aux mashs secs.

TOURTEAUX D'ARACHIDE

Ce sont des résidus de la fabrication de l'huile d'arachide. Ils sont de trois sortes:

 Les tourteaux d'arachides non décortiqués
  - -   décortiqués
  - -   rufisques.

Le premier est un engrais, les autres sont alimentaires.

Le tourteau d'arachides décortiqués est jaune brun, tirant sur le gris; le rufisque est blanc. Le rufisque est plus riche et plus digestible que le premier. On sale ces tourteaux car ils ont un goût fade. Pour les employer, on les broie, on les laisse gonfler dans l'eau froide ou tiède et ils se réduisent alors en pâte. L'eau chaude a pour effet de leur donner un goût prononcé qui se transmet aux oeufs et à la chair.

TOURTEAU DE SOJA

Ce tourteau a une très grande valeur nutritive; d'une richesse en matières azotées, grasses, hydrocarbonées égale à ceux d'arachides; il peut avantageusement donner de la diversité dans l'alimentation. Il a la supériorité sur les premiers de donner un goût délicat à la chair et aux oeufs. La fève de soja est employée en Mandchourie, au Japon, à la nourriture de l'homme et des animaux. Certaines variétés précoces pourraient probablement réussir dans le midi de la France; on le cultive dans plusieurs états de l'Amérique où on le considère comme un aliment précieux.

TOURTEAUX DE MAIS

Ce sont des résidus de la fabrication de l'amidon. Les tourteaux de gluten de maïs, de germes de maïs, de drèches de maïs sont plus riches en matières azotées. Leur digestion est très grande. Ils ont l'avantage de donner une pâtée bien granulée très bien prise par les volailles de tout âge. Leur proportion dans la pâtée ne doit pas dépasser un dixième de la ration. Ils renflent considérablement dans l'eau. Ils donnent un bon goût aux oeufs.

TOURTEAU DE COPRAH NON DESHUILE

Le coprah ou cocotier est encore un excellent tourteau alimentaire. C'est un résidu d'huilerie qui craint énormément l'humidité. Il donne un excellent goût à la chair et aux oeufs, pousse à la graisse et ne doit pas être donné aux pondeuses. Il rend de précieux services pour l'engraissement. Le conserver en LIEU SEC ET OBSCUR.

TOURTEAU DE COTON

TOURTEAU DE COTON - Est le résidu de la fabrication de l'huile de coton. Sa qualité ainsi que sa composition sont variables. C'est un aliment riche en azote mais cette richesse peut varier du simple au double. Acheté avec garantie d'analyse il serait intéressant s'il n'avait pas la propriété d'échauffer et de constiper la volaille, de produire des oeufs contenant du sang, de provoquer les accidents de la ponte. Mieux vaut ne pas l'employer en Aviculture.

TOURTEAU D' OEILLETTE

Est le résidu de la fabrication de l'huile d'oeillette. Ce tourteau est riche en acide phosphorique; il peut être employé en petite quantité (1/15 à 1/20 de la ration).

<u>TOURTEAUX DE CHENEVIS, DE COLZA, DE NAVETTE, DE LIN</u>

Ces tourteaux ne sont pas employés en aviculture à cause du goût détestable qu'ils donnent à la chair et aux oeufs.

<u>RADICELLES D'ORGE</u>

La fabrication de la bière laisse, en autres résidus, le germe de malt ou radicelles ou encore tourillons. Ces germes sont riches en matières azotées et très digestibles. Ils peuvent entrer dans la confection des pâtées pour pondeuses, mais on doit éviter d'en donner de grandes quantités aux volailles blanches car ils jaunissent le plumage.

<u>ALIMENTS RICHES EN MATIERES HYDROCARBONEES</u>

<u>GRAINS ET LEURS ISSUES</u>

<u>FROMENT</u>

Le froment est le meilleur des grains; il ne peut être complètement remplacé. Malheureusement son prix élevé augmente celui de son unité nutritive. On ne l'emploie pas cuit. La farine de blé n'est pas employée dans l'alimentation des volailles. Il faut se défier du petit blé peu nutritif et souvent impur. Il contient souvent de la nielle et de l'ivraie qui sont des poisons pour les volailles. Le blé est concassé lorsqu'il doit servir à l'alimentation des poussins. Le blé est engraissant mais non dangereusement. Son abus peut diminuer la ponte.

<u>L'AVOINE</u>

L'avoine <u>lourde</u> est un des meilleurs grains pour la volaille. Malheureusement son prix parfois élevé ou sa mauvaise qualité fo préférer le froment.

La farine d'avoine est presque une nourriture parfaite; elle est plus riche en matières grasses que le froment, mais elle donne une viande dure, on ne l'emploie que pour l'élevage des jeunes et des pondeuses. Elle est malheureusement <u>d'un prix inabordable</u>.

Il faut avoir soin de ne pas faire de l'avoine la base de l'alimentation des jeunes; le froment concassé doit être employé en plus grande quantité. Il faut avoir soin d'y ajouter 1/10 de charbon de bois afin de faciliter la digestion. L'avoine contient un principe excitant de très grande valeur, l'avénine qui est un stimulant pour la ponte et donne de la vigueur aux oiseaux. Pour les adultes, on l'emploie dans les mashs, non tamisée, broyée seulement.

L'ORGE

L'orge dont la composition chimique est très voisine de celle du blé est un grain nettement engraissant. Il cause rapidement l'hypertrophie du foie. Comme grain dur il doit être rejeté car il porte des barbes dangereuses pour la volaille. Il peut servir à l'engraissement; dans ce cas, on a intérêt à la faire cuire, les volailles en prennent beaucoup moins. La farine d'orge, très employée pour l'engraissement, donne une chair très blanche et de première qualité L'orge n'est pas employée dans les pâtées; on la remplace par le maïs; presque aussi engraissant mais, de plus excitant: la ponte que le maïs provoque utilise la graisse qu'il produit, ce qui n'a pas lieu avec l'orge.

LE SEIGLE

Le seigle, à cause de la forme de ses grains est un poison pour les volailles; mais même si cet inconvénient n'existait pas, on ne devrait pas l'employer car il est très relâchant.

LE SARRASIN

Le sarrasin est une graine échauffante d'une très grande valeur cependant. On ne doit le donner qu'en hiver, par les temps froids, et pas d'une manière continue. On se trouvera bien de ne l'employer que tous les deux jours, en alternant sa distribution avec celle du maïs. Son écorce contient beaucoup de cellulose; on pourra avantageusement l'employer dans les mashs, écrasé ou en farine blutée. Il ne faut pas employer le sarrasin à grains ronds. On aura intérêt à le cultiver, son rendement en grain et en paille dans les terres pauvres est très rémunérateur.

LE MAÏS

Le maïs est le meilleur grain des temps froids d'hiver. Cependant on ne devra pas en abuser car il est nettement engraissant et il peut provoquer l'arrêt de la ponte par excès de graisse. Il ne doit pas dépasser le sixième de la <u>ration</u>. On l'emploie avantageusement pour l'engraissement, après l'avoir laissé macérer dans l'eau, l'avoir cuit et broyé.

Le maïs fraîchement récolté peut être dangereux pour la volaille, il faut lui préférer le vieux maïs (non charançonné) et plus riche en huile. Le maïs blanc est moins riche en vitamines que le maïs jaune et comme ce dernier cependant il jaunit parfois le plumage des volailles blanches. Les "Platas" conviennent bien pour le broyage et la préparation des farines.

Le maïs broyé et farine de maïs rancissent rapidement à cause de la grande quantité d'huile qu'ils contiennent, s'ils sont conservés en lieu humide ou peu aéré.

LE RIZ

Nous n'employons pas le riz , ni les sous-produits du riz dans l'alimentation des animaux de basse-cour, parce que c'est un aliment dépourvu de sels phosphatés. C'est un grain pauvre que nous n'employons que pour combattre le relâchement du tube digestif. Les farines basses de riz sont un des plus mauvais aliments que l'on puisse donner aux volailles et surtout aux reproducteurs.

LE CHENEVIS

Le chénevis est très échauffant: on ne le donnera aux pondeuses que par intermittence, en hiver, par temps froid, ainsi qu'aux reproducteurs en petite quantité, aux approches de la saison des incubations. Le chénevis frais est dangereux : n'employez que les graines d'au moins 4 ou 5 mois de récolte.

LE LIN

La graine de lin, malgré son prix élevé est d'un grand secours dans l'alimentation des pondeuses et des reproducteurs.

Elle donne également satisfaction dans l'alimentation des jeunes et des volailles en mue.

On l'emploie broyée, dans les mashs secs ou humides; on peut l'employer cuite dans les cas de constipation. Elle a une action très grande sur la régularité des fonctions intestinales et sur celle du foie; elle agit comme dépuratif du sang. Nous conseillons vivement l'emploi des graines de lin dans la ration, dans la proportion de 1/15 au maximum, une semaine par mois, hiver et été.

Comme traitement contre la constipation, préférez la graine de lin cuite, préparée comme suit :

Trempez la graine dans l'eau froide, chauffez modérément,
laissez mijoter, sans bouillir jusqu'à ce que le liquide soit épais
et filant. Mélangez le tout à la pâtée.

La graine de lin rend le plumage uni et brillant, son emploi est tout indiqué pendant la pousse de la plume, après la chute
causée par la mue, dans la préparation des sujets pour les exposi-
tions.

MILLET

Le millet est d'un usage très répandu; c'est un fait absolument regrettable. Beaucoup trop dur et indigeste pour les poussins,
trop cher et trop petit pour les pondeuses, l'écorce en est trop dure et le gésier le broie difficilement. Ce grain séjourne trop longtemps dans le tube digestif. Nous ne l'employons en aucun cas et sous
aucune forme. Chaque fois que nous l'avons expérimenté, espérant
obtenir un résultat meilleur, nous avons eu de la mortalité chez
les poussins, tandis qu'avec le blé et le maïs concassés, la mortalité est pratiquement nulle.

LE TOURNESOL

Les graines de tournesol conviennent aux volailles en mue
aux pondeuses par les temps froids, aux volailles à l'engraissement.
Comme on ne donne cette graine que rarement et par intermittence, les
volailles peuvent manifester beaucoup d'hésitation à l'accepter:
dans ce cas, la broyer et l'incorporer aux pâtées sèches.

GRAINS MELASSES

On peut mélasser les grains avec avantage à la fin de la
mue. Le sucre augmente la digestibilité des autres aliments et est
lui-même un précieux adjuvant en ce moment de faiblesse générale
causée par une production rapide des plumes.

Pour mélasser les grains, prendre un tonneau, le remplir
à moitié de grains et de mélasse et le rouler jusqu'à ce que les
grains soient bien enrobés. Défoncer un bout pour en retirer le
produit obtenu.

Les grains mélassés craignent beaucoup la souillure aussi ne doit-on les donner que dans des augettes profondes que l'on tient très propres. Ces augettes doivent être munies d'un toit afin que les volailles ne puissent y mettre les pattes et d'un râtelier par où elles passent la tête.

LES ISSUES

Les issues se divisent en sons et en remoulages ou rebulets. Ils sont produits par le blutage de la farine: les sons (son gros et son fin) sont éliminés les premiers, le rebulet tombe en second lieu de la bluterie.

Les issues de froment seules nous intéressent.

ISSUES DE FROMENT

Les issues de froment sont incontestablement les plus avantageuses. On n'emploie qu'elles dans l'alimentation de la volaille; les autres sont ou trop ligneuses ou dangereuses. Les issues de blé peuvent former la moitié de la pâtée.

LE SON

Le son est un aliment dont il a été dit à tort beaucoup de mal. On a prétendu que payer du son de blé 60 frs. les 100 kgs. est trop cher pour un produit aussi pauvre. C'est que là comme en bien des cas, la chimie a été une cause d'erreur. Le son agit non seulement à cause de ses propriétés nutritives, de sa richesse en matières minérales, en azote ou en vitamines, mais aussi comme régulateur du système digestif et temporisateur à l'égard des aliments chauffants. Son usage en aviculture doit être plus répandu. Le gros son doit être préféré au son fin qui est moins riche sauf en matières hydrocarbonées, mais qui peut être plus facilement altéré et moins régulateur.

REBULET

Le rebulet est d'une digestion facile, il est plus riche que le son en matières hydrocarbonées et son emploi est tout indiqué en mélange avec le son, le gros son.

LES TUBERCULES ET LES RACINES

Les tubercules et les racines sont employés comme aliments
de volumes dans les pâtées humides et comme supplément de verdures.
Leur alternance dans les pâtées, leur distribution comme aliment
vert rendent les mashs plus digestifs en stimulant l'appétit des volailles et en combattant l'engraissement. Ils ne poussent malheureusement pas à la production.

POMMES DE TERRE

Les pommes de terre sont très employées dans l'alimentation des volailles comme aliments de volume. Elles sont cependant
délaissées par les Aviculteurs d'avant garde qui la considèrent avec
raison comme un aliment pauvre et très cher. Elle contient en effet
75 pour cent d'eau pour lesquels on paie l'achat, la main d'oeuvre
le transport. Elle a le mérite d'être d'une grande digestibilité
quand elle est cuite. Au point de vue engraissement, elle n'a que
peu de valeur, car elle n'engraisse que très lentement, ce qui n'est
jamais économique. Elle convient à l'alimentation des chapons que
l'on doit ou que l'on veut consommer âgés, elle convient aussi à
l'alimentation des volailles d'exposition dont on ne veut pas éveil-
ler trop tôt les instincts sexuels afin qu'elles atteignent un plus
gros volume.

Mais elle alourdit les volailles de rapport en leur donnant
une ration trop copieuse, nuit à l'exercice et à la ponte.

On a aussi prétendu que si les grosses pommes de terre sont
trop chères, on devait leur préférer les petites pommes de terre ré-
sultant du triage; c'est une deuxième erreur, car celles-ci étant
très pauvres en amidon ont une valeur alimentaire beaucoup inférieure encore.

Les pommes de terre ne peuvent être données crues à cause
d'un poison qu'elles contiennent et qui est détruit par la cuisson.
On ne les emploie donc que cuites et écrasées.

TOPINAMBOURS

Les topinambours sont des tubercules plus pauvres que la
pomme de terre, mais ils ont sur elle le grand avantage de pouvoir
être donnés crus en guise de verdure, aux jeunes poussins notamment;
de fournir des feuilles qui constituent un bon aliment vert; de ne
pas avoir besoin d'être plantés chaque année, car il en reste toujours assez dans la terre pour assurer la récolte suivante. Ils
ont encore l'avantage très appréciable d'attirer beaucoup d'insectes.

On peut les donner comme aliments de volume, cuits ou é-
crasés. Pour les donner crus, les couper en deux et les accrocher à
des clous, pulpe en dehors, dans la salle d'élevage. On les plante
avec avantage dans les parquets en lignes espacées de 2 mètres les
unes des autres.

LA BETTERAVE ET SES SOUS-PRODUITS

La betterave est la racine la plus employée en aviculture;
elle sert de verdure d'hiver, quoiqu'il faille lui préférer les
choux. On coupe les betteraves en deux et on les suspend à un clou
dans la salle d'élevage.

Cuite à la vapeur et écrasée, elle entre dans la confection
des pâtées humides comme aliment de volume et corrige le défaut
constipant de la plupart des tourteaux.

Les sous-produits de l'industrie betteravière sont les pulpes humides (contiennent trop d'eau et donnent un mauvais goût aux
oeufs et à la chair), les pulpes sèches, qui peuvent remplacer les
betteraves. Cependant, l'alimentation aux pulpes doit être souvent
changée contre une autre les volailles ne pouvant consommer longtemps ce produit sans dégoût. Cette alimentation est d'ailleurs à
déconseiller nettement.

NAVETS

Aliments pauvres et beaucoup trop relâchants. On les emploie seulement comme aliments de volume pour les palmipèdes. Les
volailles les prennent très bien, surtout ceux que l'on nomme ruta-
bagas, mais leur emploi nous a donné des cas de diarrhée et les volailles ont perdu du poids.

CAROTTES

Ne sont pas prises entières sauf les carottes blanches lorsque les volailles n'ont pas d'autres aliments verts à leur disposition, mais elles sont indigestes. Il faut les hacher et les faire
cuire. Elles combattent très bien l'engraissement et la dégénérescence du foie. Elles constituent un précieux aliment de volume.
   graisseuse

Les pommes de terre, les betteraves et les carottes mélangées constituent un excellent aliment de volume.

<u>V E R D U R E S</u>

Ce sont les végétaux qui, à l'état vert, entrent dans l'a-
limentation des volailles. On doit en distribuer de grandes quantités, surtout cuites. La verdure est en effet absolument nécessaire, elle régularise les fonctions digestives et excrétoires
(bile), elles combattent la dégénérescence graisseuse du foie qui
menace les volailles en claustration ou mal nourries. La meilleure manière de la d stribuer,est cuite dans les pâtées ou de la suspendre si on la donne crue. Les volailles devant sauter pour l'at-
teindre, se donnent un exercice salutaire surtout si elles sont enfermées. Cet exercice combat la constipation et réchauffe par temps
froid. Lorsque la plante n'est plus entière, il peut être difficile de la suspendre, on la dispose alors dans des rateliers où la
poule peut la prendre sans la souiller.

Les meilleures verdures à donner sont le chou et l'avoine
germée. Les choux convenables sont, par ordre de préférence: le
chou branchudu poitou, le chou cavalier., le chou de vaugirard.
Ces choux ne gèlent pas en hiver et donnent d'abondantes provi-
sions de feuilles. Les deux premiers se sèment en mars-avril et se
repiquent en place en juin; le dernier se sème en juillet et est
mis en place aussitôt qu'il a atteint la taille suffisante.

Nous avons donné le meilleur procédé pour faire germer
l'avoine. Veillez à ce que les deux premières distributions ne
soient pas trop abondantes car les volailles n'en prendraient qu'
une petite quantité ainsi d'ailleurs que pour tout aliment nou-
veau.

Disposez l'avoine en couche de 4 cm. sur le fond du tiroir, et compter 10 centimètres carrés par tête d'adulte et par
jour, soit environ 0 kg. 020. Le litre d'avoine pesant 500 grs. environ, le poids d'avoine pesée sèche à faire germer par tête de
pondeuse est de 20 gr. Ces quantités sont naturellement diminuées
dans de fortes proportions quand il s'agit de poussins et sont en
rapport avec le poids de l'oiseau. Notre germinateur peut être placé
dans toute pièce exempte de courant d'air.
L'avoine met 7 jours à germer, ayez donc un germinateur
à sept tiroirs. Chaque jour vous rechargez celui que vous venez de
vider, après l'avoir désinfecté.

Au printemps ou en été, il est facile de se procurer de
la verdure: chou, gazon coupé en brins de faible longueur, luzerne,
sainfoin, trèfle blanc salades, épinards peuvent être donnés entiers
fanes de pommes de terre, de carottes, de betterave, de topinambours,
de tournesol doivent être donnés hachés. Le trèfle est excellent
pour l'élevage et la ponte, il contient de la chaux. La luzerne est
préférée pour l'engraissement. Le chou aussi contient du calcaire.
Les orties sont échauffantes, tempérez leurs effets par les distri-

butions d'orseille, qui contient aussi de la chaux. Laisser faner les orties avant de les distribuer, le liquide acide qu'elles contiennent s'évapore.

Une excellente verdure qui permet de faire plusieurs coupes par an, est la chicorée barbe de capucin.

Le pissenlit est de premier choix surtout pour les poussins. N'abusez pas de la salade, surtout pour les plus petits, elle est relâchante. Le tétragone est bon, l'oignon cru, bulbe et tiges, l'échalotte, l'ail sont recommandés pour les poussins.

Les verdures cuites peuvent entrer dans un sixième du poids de la pâtée terminée; les volailles peuvent prendre de 25 à 35 grammes de verdure par Kg. de poids vif.

FOURRAGES SECS

Ce sont les fourrages naturels et artificiels et les feuilles d'arbres.

Le foin des prairies naturelles, le meilleur des foins; celui des prairies artificielles, trèfle, et luzernes sont une précieuse ressource en hiver. On hache ees fourrages au hache-verdure en brins de un demi à un centimètre. On en emplit aux trois-quarts un réservoir, seau, tonneau défoncé; on finit d'emplir le récipient d'eau presque bouillante; on ferme le couvercle que l'on charge d'un poids lourd. Le lendemain le foin est gonflé et a repris une belle couleur; on l'égoutte sur une toile métallique et on le donne aux volailles, soit pur, soit mélangé aux pâtées humides.

FARINES DE FOURRAGES

On utilise également le trèfle et la luzerne en farine produite par certains moulins spéciaux pilonneurs.

Ces farines sont très recommandables surtout pour les pondeuses soumises au régime de la claustration, les autres ayant un parcours herbeux peuvent plus facilement s'en passer. Il ne faut eependant pas s'exagérer leur mérite, et sous le prétexte que ees farines sont-employées en Amérique, les payer trop cher. Le prix de 80 frs. les 100 kgs est exagéré, à plus forte raison celui de 110frs les 100 kgs. fait par une maison belge.

FEUILLES D'ARBRE

Les feuilles d'arbre sont recueillies chez nous par les petits cultivateurs qui complètent ainsi leurs récoltes insuffisantes en fourrages et les donnent à leurs porcs et à leurs vaches. Ces feuilles sont tout aussi précieuses pour les Aviculteurs et si ceux-ci ne les emploient pas c'est sûrement qu'ils n'en connaissent pas la valeur. Le manque de verdures d'hiver ne doit plus exister grâce à la facilité avec laquelle on peut se procurer ces feuilles. Leur valeur alimentaire est supérieure à celle du foin; on estime que 80 à 85 kgs de feuilles valent 100 kgs de bon foin.

Leur valeur alimentaire dépend de l'époque de l'année et de l'heure du jour auxquelles la récolte est faite.

C'est de Juillet à Septembre, vers le soir, que les feuilles ont leur plus grande valeur en carbone, en amidon, en matières minérales.

Les feuilles doivent être séchées à l'ombre. On peut les récolter, les faire sécher légèrement et les mettre en silos comme on fait pour les tubercules et les racines, comme on commence à faire pour les fourrages verts. L'hiver, on a alors une abondante provision de verdure absolument fraîche. On peut aussi cueillir feuilles et brindilles, en faire de petits fagots peu serrés afin que l'air circule facilement dedans; on les place dans des endroits très aérés, sur des perches placées dans un hangar bien protégés de l'humidité par exemple.

Toutes les essences n'ont pas la même valeur alimentaire. Les meilleures sont celles d'accacia. Ensuite viennent celles d'orme, de tilleul, d'érable, de frêne, de peuplier, de saule, de sorbier, de bouleau. Il vaut mieux ne pas employer celles de chêne et de hêtre qui occasionnent l'échauffement du tube digestif; celles de cytise, laurier, fusain, buis contiennent des principes vénéneux.

Pour employer les feuilles vertes on les hache comme on fait pour les fourrages verts; quand à celles qui ont été séchées, les traiter comme les fourrages secs, par la macération après le hachage.

ALIMENTS MINERAUX

Ce sont: le gravier, la chaux, le charbon de bois, le soufre et le sel.

LE GRAVIER

Le gésier de la poule est fait pour broyer des grains durs En liberté, la poule emmagasine des graviers dans son gésier et ces morceaux de pierres agissent à la façon d'une meule et broient le grain. Peu à peu, ces graviers se dissolvent à leur tour et sont remplacés par d'autres. Ils ne sont pas absolument assimilables parce que minéraux, cependant on ne peut nier leur influence dans la constitution du squelette et de la plume. Ils n'agissent pas seulement comme moyen mécanique, ils ont une influence sur la santé des oiseaux ne recevant pas de grains durs; on ne devra jamais laisser les volailles en manquer. Le sable est en outre recommandé pour la digestion. Non pas que les volailles ne puissent souffrir d'indigestion de sable ou de gravier, mais il agit mécaniquement et approprie les organes de la digestion.

On peut donner n'importe quel gravier (gravier silicocalcaire) aux oiseaux mais celui que les anglais et les américains appellent **Grit** est recommandé. Le grit se fait en plusieurs grosseurs, pour poussins, pour poulets en croissance, pour adultes.

CHAUX

La chaux est un véritable aliment nécessaire à tous les âges. Le phosphate et le carbonate de chaux sont nécessaires aux poussins et aux poulets pour la formation de leur charpente osseuse; aux pondeuses elle permet la constitution de la coquille de l'oeuf; la chaux est un réparateur des pertes du squelette, un stimulant pour la ponte, un désinfectant du tube digestif et à ce titre elle est employée dans la prophylaxie et le traitement des maladies infectieuses.

Les volailles ne doivent donc jamais manquer de chaux. On la distribue généralement sous deux formes; grain chaulé, c'est-à-dire brassé dans de la chaux éteinte, et coquilles d'huîtres.

Le premier procédé ne permet qu'une distribution de carbonate de chaux. Pour chauler le grain, on éteint de la chaux vive dans un tonneau défoncé en mettant assez d'eau pour obtenir une bouillie assez liquide. On met le grain à chauler en tas en faisant un trou au sommet; à la façon des maçons, on verse un peu de la bouillie dans ce trou et on brasse à la pelle. Lorsque les grains ont pris la couleur blanche, on les laisse sécher et on les distribue aux volailles. On peut préparer ainsi du grain pour un mois. Lorsque l'on n'a qu'une petite quantité de grain à chauler, on peut faire le mélange dans un seau, en brassant à la main.

Il ne faut pas faire un usage régulier de grain chaulé, on en donne de temps à autre aux pondeuses par exemple une fois par semaine, mais aussi chaque fois que l'on a lieu de craindre le corysa, c'est-à-dire que les volailles de tout âge ont été mouillées oü sortent de l'herbe mouillée. Des distributions trop suivies échaufferaient la volaille, et, chez les pondeuses, provoqueraient des accidents de ponte, donneraient aux oeufs des reproducteurs une coquille trop dure que le poussin ne pourrait briser à l'éclosion.

On préfère, sauf dans le cas de prophylaxie ou de traitement de maladie (corysa, diphtérie) employer les coquilles d'huîtres pulvérisées ou granulées. Celles-ci contiennent en effet une notable proportion de phosphate de chaux et de chlorure de chaux: environ 10 pour cent. Le reste est du carbonate de chaux. Les volailles de tout âge doivent en avoir à leur disposition, les pondeuses y trouvent un précieux stimulant? Ajoutons que les coquilles d'huîtres granulées sont un auxiliaire du gravier pour la digestion des grains durs. On doit les préférer aux coquilles en poudre qui d'ailleurs sont trop faciles à altérer. Si nous vous mettons en garde contre toutes ces falsifications, c'est que nous en avons été victime et que nous savons jusqu'où va la malhonnêteté de beaucoup de marchands.

CHARBON DE BOIS

Le charbon de bois a aussi de grandes qualités:

1 - il est désinfectant du tube digestif et à ce titre combat les fermentations qui pourraient se produire dans les organes de la digestion. Il est le plus sûr préventif des affections des estomacs et des intestins des volailles;

2 - il est un précieux stimulant de la ponte. Aussi les pondeuses doivent-elles en avoir toujours à leur disposition.

On peut le donner pulvérisé en mélange aux pâtées, mais le meilleur mode de distribution est de le tenir pur comme les coquilles d'huîtres à la disposition des volailles; elles en prennent ce qu'elles veulent et ne dépassent pas leurs besoins. Pour les poussins seulement on le mélange aux pâtées.

SOUFRE

Le soufre est employé:

1°/ dans les pâtées des poussins et dans celles des volailles en mue car il facilite la pousse des plumes;
2°/ dans la prophylaxie et le traitement des maladies contagieuses, corysa, diphtérie, car il est un désinfectant puissant du tube digestif. On n'emploie en aviculture que la fleur de soufre lavé.

SEL

Enfin le sel entre dans la composition des pâtées à la dose de une cuiller à café pour 15 têtes adultes . On diminue cette quantité lorsqu'on se sert de farine de poisson et aussi pour les volailles en croissance; ainsi pour des petits poussins on ne mettra qu'une cuiller à café de sel pour 100 poussins.

A plus forte dose , le sel est un poison violent pour la volaille.

LES EXCITANTS DE LA PONTE

La question des excitants de la ponte a fait couler des flots d'encre. Faut-il ou ne faut-il pas les employer ? On peut les employer en hiver ou lorsque l'on désire avoir une recrudescence de ponte. Mais il importe de ne pas forcer la volaille, c'est-à-dire de lui donner de quoi faire les oeufs afin que ces oeufs ne soient produits aux dépens de l'organisme.

Vendues dans le commerce sous des noms différents, les poudres à faire pondre ne sont pas meilleures que celles que l'aviculteur peut préparer soi-même pour une somme infiniment moindre. Ces poudres ne produisent de résultats que si les conditions premières d'alimentation rationnelle sont établies et appliquées; si la pondeuse ne trouve pas dans sa nourriture les matériaux suffisants pour élaborer des oeufs, aucune poudre à faire pondre ne pourra lui en faire créer. On voit donc que la première poudre à faire pondre est une alimentation judicieusement établie.

Voici deux compositions de poudre à faire pondre:

```
Charbon de bois .............. 25 grs
Charbon de terre ............. 30  -
Brique pilée ................. 5   -
Sel .......................... 40  -
                             ----------
                             100 grs
```

En donner 5 grs. par jour et par tête.

Poudre tonique et excitante:

```
Poivre rouge ........... 1 partie en poids
-Gingembre ............. 2
Moutarde ............... 2
Quinquina .............. 1
Soufre ................. 1
```

Mélanger intimement le tout, en donner à raison d'une cuiller à café pour trente sujets. En cas d'épidémie et de mue on doublera la proportion de soufre.

Comme excitant de la ponte, on se trouvera bien de la faire alterner avec la première composition.

LE VIN

Si l'alcool n'est pas recommandé pour la volaille, le vin a d'heureux effets sur la santé des sujets. On l'emploie en cas d'épidémie comme tonique, et pour la ponte comme stimulant, à raison de 1 litre pour cent têtes. Des expériences ont été faites à ce sujet, en hiver sur des pondeuses: le résultat fut très encourageant; la ponte d'hiver fut augmentée dans de notables proportions L'emploi du vin n'est économiqu que lorsque l'aviculteur est placé dans des conditions qui lui permettent de l'obtenir à bas prix. On aura intérêt à employer le vin lorsque son prix ne dépassera pas un franc à un franc vingt-cinq le litre.

On l'incorpore aux pâtées humectées.

(:(:(:((:(:(:(:(:(:(:(:((:(:(:(

QUESTIONNAIRE

+++++++++++++++++++++++

1°/ Décrivez succintement le phénomène de digestion.
2°/ Qu'est-ce que la digestibilité ?
3°/ Comment reconnaît-on si un aliment est moins cher qu'un autre ?
4°/ Qu'appelle-t-on coefficient de digestibilité ?
5°/ Quelles sont les causes qui peuvent modifier la valeur digestive d'un aliment ? Quelles sont celles qui peuvent augmenter
le pouvoir digestif d'une volaille ?
6°/ Quels sont les principes nutritifs que l'on doit trouver dans
les aliments ?
7°/ Sous quelles formes les matières minérales sont-elles le mieux
assimilables ?
8°/ L'eau. Eau de composition et de boisson. Les volailles peuvent-
elles boire trop d'eau sans danger ?
9°/ Comment, connaissant la quantité d'azote pur qu'un aliment
contient, peut-on trouver la quantité de matières azotées qu'
il renferme ?
10°/ Quelles préparations peut-on faire subir aux aliments pour augmenter leur digestibilité ? Quelles précautions doit-on obser-
ver ?
11°/ Pourquoi les meilleurs aliments azotés sont-ils fournis par les
matières d'origine animale ?
12°/ Comment constituer une verminière, une asticotière ?
13°/ Quelles précautions doit-on prendre dans tout achat de farine
de viande et de poisson ?
14°/ Préparation du sang.
15°/ Quels sont les tourteaux azotés, les tourteaux mixtes (azotés
et hydrocarbonés), les tourteaux hydrocarbonés?
16°/ Les tourteaux peuvent-ils s'employer dans la pâtée sèche?
17°/ Quel est le meilleur grain pour les volailles? Lesquels
viennent ensuite ? Pourquoi ?
18°/ Emploi de sarrasin et du chènevis.
19°/ Emploi du riz.
20°/ Emploi de la graine de lin, ses effets.
21°/ Que savez-vous sur le millet, sur la mélasse ?
22°/ Effets du son.
23°/ Effets de la verdure. Quelles sont les meilleures verdures ?
24°/ Comment faut-il faire germer de l'avoine ? Détaillez pour 1000
sujets en ponte.
25°/ Emploi des fourrages secs et des feuilles d'arbres.
26°/ Les coquilles d'huîtres, leur effet.
27°/ Les poudres à faire pondre, limite de leur vertu.

+++++++++++++++++++

9 782329 204222